公路施工安全教育系列丛书——工种安全操作
本书为《公路施工安全视频教程》配套用书

U0863048

装载机操作工

安全操作手册

广 东 省 交 通 运 输 厅 组织编写
广东省南粤交通投资建设有限公司
中 铁 隧 道 局 集 团 有 限 公 司 主 编

人民交通出版社股份有限公司
China Communications Press Co.,Ltd.

内 容 提 要

本书是《公路施工安全教育系列丛书——工种安全操作》中的一本，是《公路施工安全视频教程》(第五册　工种安全操作)的配套用书。本书主要介绍装载机操作工安全作业的相关内容，包括：装载机操作工基本简介，装载机操作工职责及操作安全风险，装载机操作工基本要求，装载机操作工操作安全要求，装载机检修维护安全要求等。

本书可供装载机操作工使用，也可作为相关人员安全学习的参考资料。

图书在版编目(CIP)数据

装载机操作工安全操作手册/广东省交通运输厅组织编写；广东省南粤交通投资建设有限公司，中铁隧道局集团有限公司主编. — 北京：人民交通出版社股份有限公司，2018.12

ISBN 978-7-114-15056-2

Ⅰ. ①装…　Ⅱ. ①广… ②广… ③中…　Ⅲ. ①装载机—操作—技术手册　Ⅳ. ①TH243.07-62

中国版本图书馆CIP数据核字(2018)第225910号

Zhuangzaiji Caozuogong Anquan Caozuo Shouce

书　　名：装载机操作工安全操作手册
著 作 者：广东省交通运输厅组织编写
　　　　　广东省南粤交通投资建设有限公司　中铁隧道局集团有限公司主编
责任编辑：韩亚楠　朱明周
责任校对：刘　芹
责任印制：张　凯
出版发行：人民交通出版社股份有限公司
地　　址：(100011)北京市朝阳区安定门外外馆斜街3号
网　　址：http://www.ccpcl.com.cn
销售电话：(010)59757973
总 经 销：人民交通出版社股份有限公司发行部
经　　销：各地新华书店
印　　刷：北京建宏印刷有限公司
开　　本：880×1230　1/32
印　　张：1.25
字　　数：34千
版　　次：2018年12月　第1版
印　　次：2023年5月　第3次印刷
书　　号：ISBN 978-7-114-15056-2
定　　价：15.00元

编委会名单

EDITORIAL BOARD

《公路施工安全教育系列丛书——工种安全操作》编审委员会

《装载机操作工安全操作手册》编写人员

编　　　写： 邵志龙　李和强　王　力

校　　　核： 王立军　刘爱新

版 面 设 计： 陈光硕　高文多

致工友们的一封信

LETTER

亲爱的工友：

你们好！

为了祖国的交通基础设施建设，你们离开温馨的家园，甚至不远千里来到施工现场，用自己的智慧和汗水将一条条道路、一座座桥梁、一处处隧道从设计蓝图变成了实体工程。你们通过辛勤劳动为祖国修路架桥，为交通强国、民族复兴做出了自己的贡献，同时也用双手为自己创造了美好的生活。在此，衷心感谢你们！

交通建设行业是国家基础性和先导性行业，也是安全生产的高危行业。由于安全意识不够、安全知识不足、防护措施不到位和违章操作等原因，安全事故仍时有发生，令人非常痛心！从事工程施工一线建设，你们的安全牵动着家人的心，牵动着广大交通人的心，更牵动着党中央及各级党委、政府的心。为让工友们增强安全意识，提高安全技能，规范安全操作，降低安全风险，保证生产安全，我们组织开发制作了以动画和视频为主要展现形式的《公路施工安全视频教程》（第五册　工种安全操作），并同步编写了配套的《公路施工安全教育系列丛书——工种安全操作》口袋书。全套视频教程和配套用书梳理、提炼了工种操作与安全生产相关的核心知识和现场安全操作要点，易学易懂，使工友们能知原理、会工艺、懂操作，在工作中做到保护好自己和他人不受伤害。

请工友们珍爱生命，安全生产；祝福你们身体健康，工作愉快，家庭幸福！

广东省交通运输厅

二〇一八年十月

目录

CONTENTS

1 PART 装载机操作工基本简介

1.1 装载机操作工定义

装载机操作工是指操作装载机，进行推铲、装卸等作业的专业人员。

1.2 装载机的结构和类型

装载机主要由动力系统、传动系统、液压系统、制动系统、转向系统、电气系统、行走装置和车架等结构组成。

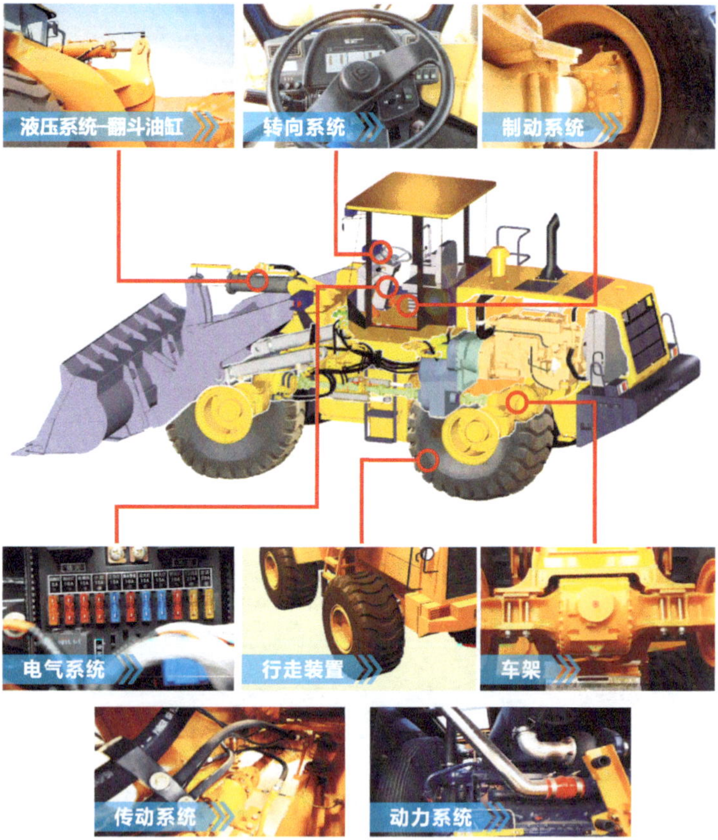

按行走方式分

轮胎式

履带式

按卸料方式分

前卸式

后卸式

侧卸式

转向方式

公路工程施工中常用的装载机多为轮胎式装载机。

2 PART 装载机操作工职责及操作安全风险

2.1 职责

(1)掌握并遵守装载机安全操作规程。

(2)服从现场指挥,有权拒绝违章指挥及强令冒险作业。

(3)做好日常维护工作,并填写保养记录。

2.2 安全风险

设备倾覆：距边坡、路沿、沟渠、基坑等太近,重心偏移倾覆；松软或泥泞地工作，车轮下陷倾覆。

机械伤害：维护检修时因安全装置未使用，违反安全操作规程等引发的伤害。

车辆伤害:违章驾驶、视线受阻、制动转向系统失灵、通过作业区域未减速慢行造成碰撞、碾压等。

3 PART 装载机操作工基本要求

年龄:年满 18 周岁。

身体:定点医院体检合格,无色盲,视力及听力障碍等。

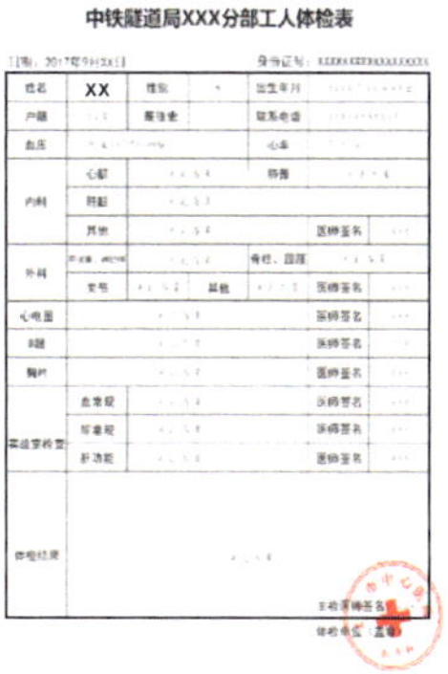

入场:岗前安全教育培训完成,考核合格,接受安全技术交底。

职业资格：取得人力资源和社会保障部门核发的岗位职业资格证书，持证上岗。

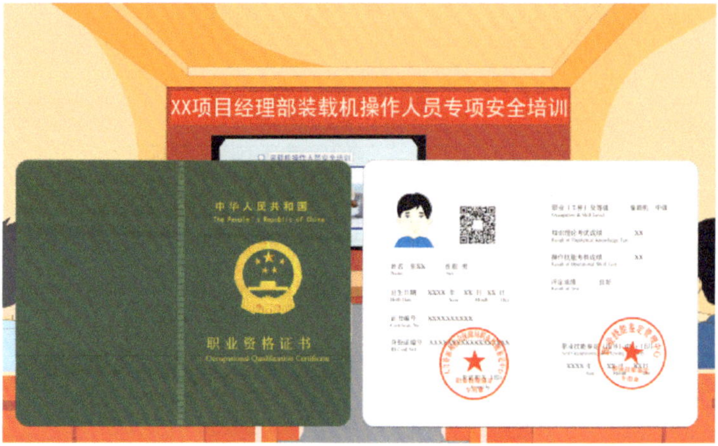

个人防护：穿戴规范，禁止穿拖鞋、短裤，禁止戴耳机；袖口、下摆及裤管等应扎紧。

作业前：严格执行“定人、定机、定岗位职责”的三定原则检查设备机况是否满足作业安全要求。

上下设备：待机械停稳，抓握扶手上下。

❗严禁跳跃

❗三个禁止：禁止搭乘无关人员；
禁止长距离运输物料；
禁止使用装载机进行吊装作业。

4 PART 装载机操作安全要求

4.1 作业前安全要求

(1)**检查周围环境:**确认施工任务,确认安全措施。

(2)**检查装载机外观：**无漏水、漏油、裂纹等。

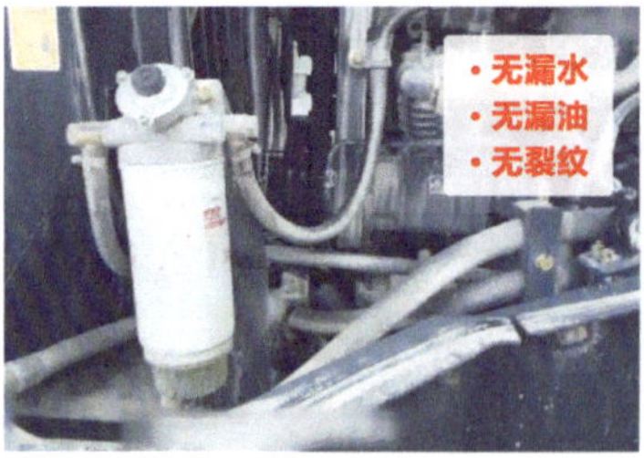

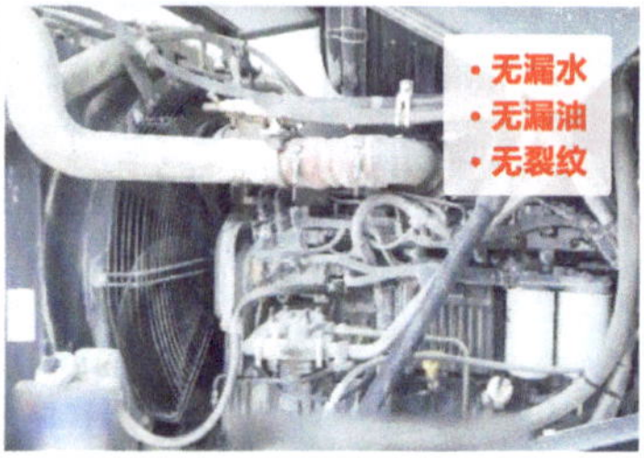

(3)检查冷却液、油料、轮胎气压情况。

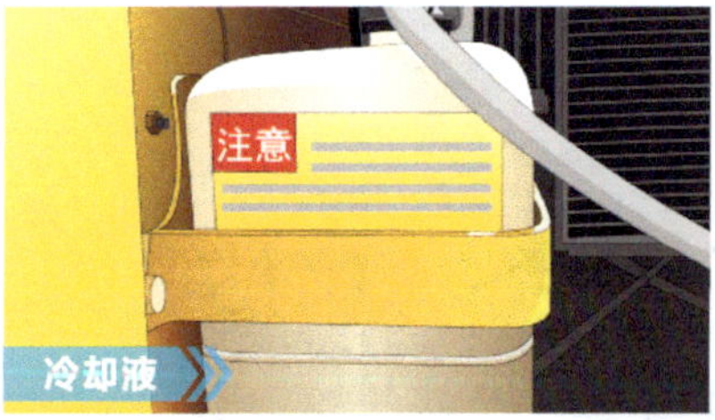

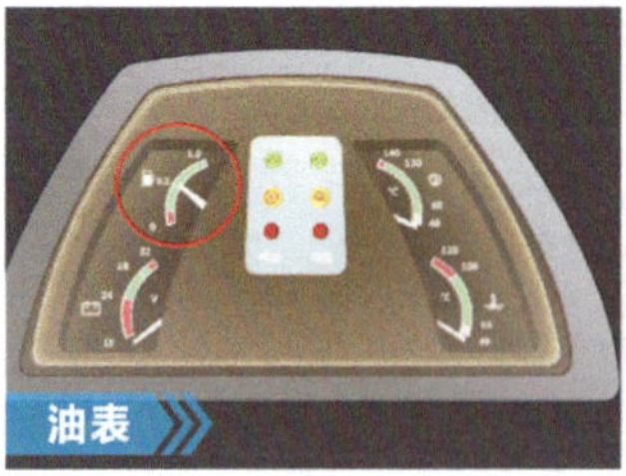

(4)启动前变器挡位处于空挡。

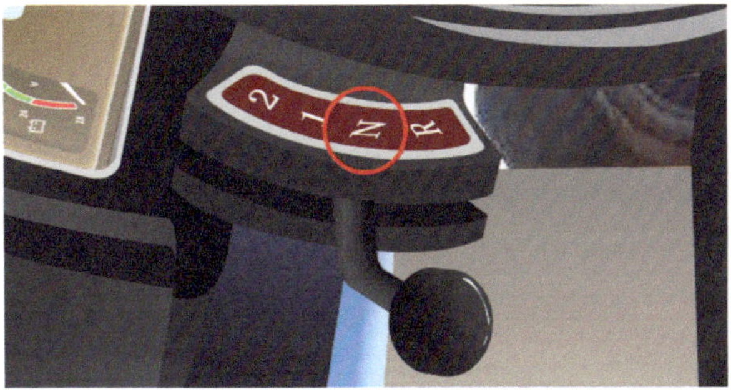

(5)空车运转3～5分钟,测试灯光、仪表、转向,制动性能。

(6)鸣笛后,铲斗提升离地0.5m,确认安全后方能起步。

(7)在施工便道、弯道、栈桥、台架等危险、狭窄区域,应减速鸣笛,缓慢通过。

(8)加油时必须停机熄火,遵守油库安全管理要求。

4.2 作业中安全要求

(1)平稳操作,避免突然换向、超速、紧急制动、急转弯,下坡时严禁空挡滑行。

(2)施工场地随时观察周围障碍物、高压线及闲杂人员等。

(3)避免铲斗偏载,不得在举臂、收斗时行驶。

(4)装料时与运输车保持一定安全距离,严禁将铲斗从车辆驾驶室上方越过。

(5)应正面装料，禁止单边受力；由于阻力过大轮胎打滑时，应排除阻力后再装载；物料装载平衡，不偏不超；卸料时应缓慢进行。

(6)注意轮胎中的夹渣，防止爆胎。

(7)出现异响、运转不良、水温、油温异常升高时，须立即停机检修处理。

(8)坚硬的土质，应当松动后装料。严禁强行装料。

(9)作业中发动机水箱需添加冷却水或冷却液时，应停机降温后加入。注意防止烫伤。

4.3 作业后安全要求

一般停放要求

(1) 平坦安全、不妨碍交通

(2) 铲斗平放地面

(3) 周围设醒目标志

(4) 尽量避免停放在明火作业区，防止发生轮胎爆炸和火灾事故。

坡道停放要求

(1) 一般情况不宜在坡道停放

(2) 必须坡道停放时应拉紧驻车制动装置，铲斗平方地面，轮胎进行支垫、楔牢。

离开装载机

将各手柄置于空挡，拉起驻车制动手柄，拔掉钥匙，锁闭门窗。

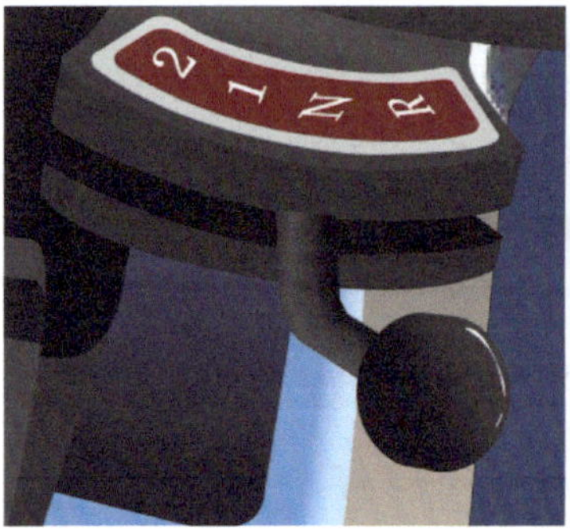

4.4 其他安全要求

（1）两台或多台装载机配合作业时，应有专人指挥，保持安全距离。

国内常用装载机技术参数

机型	柳工	山工	常林	龙工	小松	徐工	厦工
基本参数	ZLC50C	ZL50F	ZLM50E-5	LG856B	WA380-6	ZL50G	ZL50C-Ⅱ
铲斗容量（m^3）	2.5	2.3	2.3	2.7	3.3	2	3
额定载质量（kg）	5000	5000	4200	5000	5000	4500	5000
爬坡度	30°	30°	30°	30°	30°	30°	25°
轮胎充气压力（MPa）	0.3±0.02	0.34~0.39	0.27~0.29	0.28~0.32	0.28~0.32	0.32±0.01	0.26~0.28

（2）上下坡不得超过允许的最大坡度，不得在斜坡上转向或横穿斜坡。

（3）斜坡上出现故障时，应紧急制动并将铲斗降至地面，还要对轮胎进行支垫，防止溜车。

（4）在边坡、壕沟、凹坑等卸料时，轮胎离边缘应大于1.5m，在大于3°的坡面上，不得前倾卸料。

(5)装载机过桥、涵时须确认承载能力满足装载机轴荷要求。

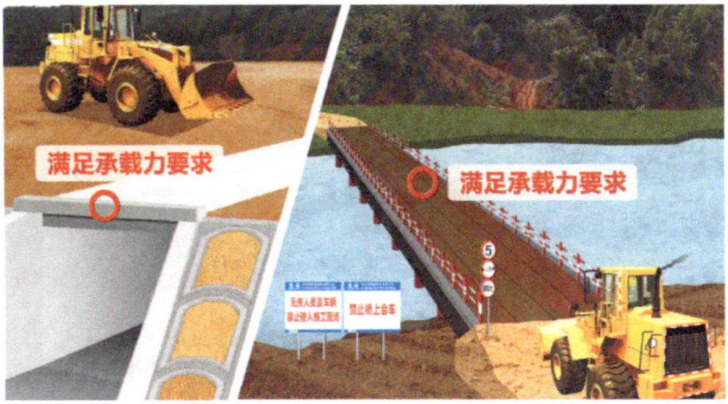

(6)牵引车辆时,应有专人指挥,前后密切配合。

(7)在夜间及隧道内作业时,作业区域应有良好的照明条件并有专人指挥。

(8)在隧道、井下等有限空间作业时,通风应良好。

(9)石渣、雨雪场地应在装载机轮胎上安装防滑链。

(10)大雾、大雨和灰尘较大导致施工场地视线不清时,不得作业。

(11)涉水时,须探明水深,不得淹没驱动桥、变速器的最低位置,否则可能引起制动、转向失灵。涉水后,应低速行驶,并连续轻踏制动踏板,清除制动盘上的积水,待制动正常后再恢复正常驾驶。

(12)泥泞、松软路面行驶或作业时,不得紧急转弯或制动,应减速慢行,以免发生倾覆。

(13)爆破后需在确认爆破警戒解除,作业面盲炮及危石处理完毕后,方可进入现场进行作业。作业中发现盲炮、残余炸药雷管时,应立即停止作业并上报处理。

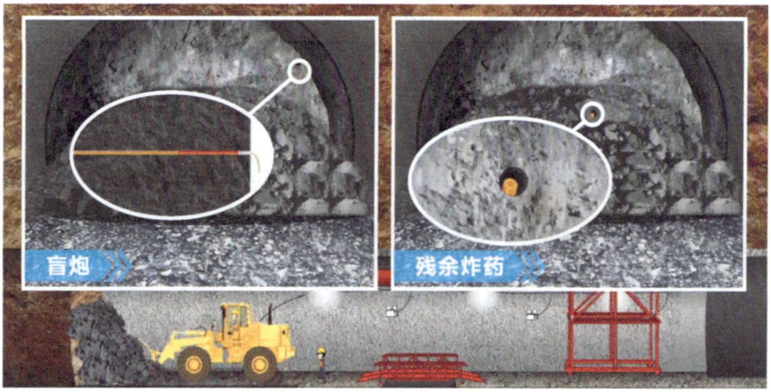

5 PART 装载机检修维护安全要求

(1)日常须对装载机仪表、管线、照明、制动系统、转向装置、液压装置、过滤装置等进行检查，严禁驾驶“带病”机械。

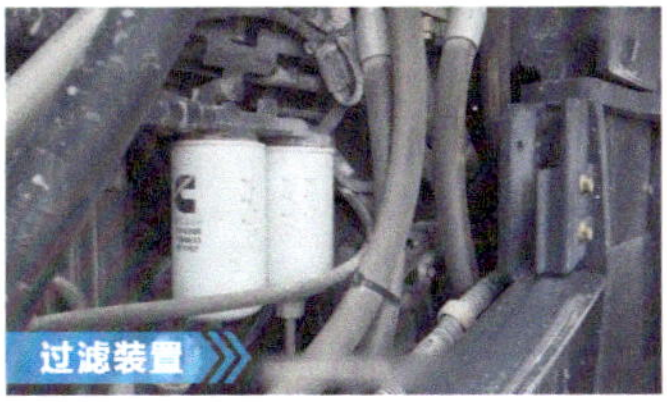

(2)检修时须停放在平坦、稳固的维修场地,远离火源和易燃物。

(3)发动机熄火后,待水温、油温冷却后方可进行维修修理作业,防止烫伤。

(4)应控制轮胎充气压力,使用气压表充气致标准值。防止轮胎爆炸伤人。

国内常用装载机技术参数

机型	柳工	山工	常林	龙工	小松	徐工	厦工
基本参数	ZLC50C	ZL50F	ZLM50E-5	LG856B	WA380-6	ZL50G	ZL50C-11
铲斗容量(m³)	2.5	2.3	2.3	2.7	3.3	2	3
额定载重量(kg)	5000	5000	4200	5000	5000	4500	5000
最小离地间隙(mm)	485	455	450	380	455	450	400
外廓最小转弯半径(mm)	6450	6733	5970	7075	7220	7300	6650
爬坡度	30°	30°	30°	30°	30°	30°	25°
最大牵引力(kN)	160	141	137	100	135	155	140
自重(kg)	17500	17550	180600	16600	17570	17500	16300
轮胎充气压力(MPa)	0.3±0.02	0.34-0.39	0.27-0.29	0.28-0.32	0.28-0.32	0.32±0.01	0.28-0.28

(5)检修转向架、大臂等时，应装好安全销，确保支撑措施可靠，并将轮胎楔紧，防止转向架变向，大臂落下或溜车伤人。

(6)检修维护中发现机械故障或安全隐患时，应及时上报。

(7)机械修理过程中操作工须在场做好配合，不得将钥匙私自交予他人或离开现场。

装载机操作工安全口诀

安规常念莫侥幸
上机检查精细心
机械操作匀缓轻
行走过程要机警
危险环境不冒进
载人运货要严禁
日常维护认真做
安全装置不放过
精心检修保完好
平安生产保家兴